Paris Style Interior

自己动手，装出巴黎风格的家

〔日〕坂田夏水　著　李达章　译

山东人民出版社

大家好！
这里是快乐的"夏水组"。

大家好！我们是夏水组的快乐姐妹。

我们承接旧公寓的装饰翻新，

同时还有合租套间的设计、

店铺设计以及施工管理。

我们的成员呢，

就像您看到的一样，可都是女性哦。

我们推崇的是流行与时尚，

并以五彩缤纷的色彩为快乐！

只要我们感觉它可爱，

只要那是我们喜欢的，

就会义无反顾地将它们统统融入室内装饰之中。

闪闪发光的、五彩缤纷的、可爱的饰物。

让我们为之付出全力。

渐渐地，周围的人开始把我们的室内装饰设计叫作"巴

黎风格"。

因为，我们只挑选我们喜爱的，

然后把它们统统装饰起来，

我们自己还会在墙上刷出令人唏嘘的色彩，

当然，我们也会拧个螺丝钉什么的，

嗯，所有这些的确和巴黎姑娘太像了。

放心吧，即便没有找到心仪的饰物，我们也不会放弃。

要么自己动手制作，要么稍加改造，

或许还会从网上淘一些廉价的"珍品"。

如此这般汇集的不同风格的物件就无需多言了吧，

大概，正是我们的创意匠心赢得了"巴黎风格"的称号呢。

当然，钉个钉子或使用刨子这类工作，我们有时也会交给

真正的专业工匠去完成，

我们呢，则去寻找那些快乐以及发现创意，

在女性力所能及的方方面面下足了功夫，

其中的各种技巧，那可是我们最最擅长的！

房间里每增加一份欣喜，

便诞生一份幸福。

嗯，正是这份自信，才有了这本书。

这可是我们在生活中

"咦～～，这个不错耶"

发自内心的迷你 DIY 构思集锦。

虽说是 DIY，但您大可放心好了，

绝对都是专业工匠的水平哦。

对您而言，或许比小手工艺品的制作还要简单呢。

如果能和我们一样获取一份快乐，

那将是我们的最大心愿。

什么是夏水组的巴黎风格室内装饰?

从不依赖高级家具

我们用"不起眼的、没什么了不起"的材料去创造一个"世界的唯一";用网购来的便宜货、建材超市或百元店(日元)买来的便宜货,将你房间里的早已存在的平凡之物变成宝。要知道,巴黎姑娘也是如此,因为她们总是以"少花钱却能完美装饰房间"为乐趣。

服从于"可爱"的直觉

只要是"可爱"的工作就咨询我们好了。什么有机涂料啦,还有像贴纸一样的生胶壁纸等等,我们可知道很多方便好用的材料呢。如果您"想做成这个样子",请参考本书末尾提供的店铺信息。

不需要高难的技巧

放心好了,这里出现让你锯个木头或钉个钉子的机会很少。经过我们严格挑选的"工作"都是便于初学者操作的。在书的末尾,我们为女性初学者增加了她们不太擅长的各种工具的使用说明。那么,究竟哪种工具使用起来更简单呢? 希望您能亲自体验一下。我们相信只要亲身体验了,您一定还想继续做下去的。

租借房屋里的很多东西都可以拿来利用

近来,"自我修复OK"的东西越来越多了。如果是租赁房屋的话,请事前向房东咨询一下,房间内部的自我修复允许做到什么程度。不过可以放心,即便房东不允许,市面上也有粘贴后可以随时撕下来的壁纸哦。像这类设计构思我们会在书中给您多多介绍的。

要做的
仅此而已

贴一贴

涂一涂

装饰一下

目录

Part 4　大胆改变墙壁和地面

营造巴黎风情
的夏水组法则

给装饰的主角
——墙壁和家具确定
主色调

　　第一步是决定一款可
爱的、艳丽的色彩作为主
色调。我喜欢！只需如此
跟着第一感就 OK 了。决
定要干脆、利落，色彩越
是大胆越好。然后，把主
色调用于面积较宽的墙壁
或大桌子等。

决定房间的辅助色

　　下一步就是添加辅助
色。例如，照片中的房间，
由于墙壁的大胆图案为主
色调，因此主色调中使用
的青灰色就确定为辅助
色。窗框和椅子都是自己
动手涂改的！

图案和色彩的混搭

　　最后，在一些细小的部位可以尽情使用
各种喜欢的色彩。总之，非统一色彩、不同
质感的混合搭配让你享受快意。青色的地砖、
色彩不一的靠垫、马赛克瓷砖……即便如此，
给人感觉不是依旧整齐划一的和谐吗？

法则
1

要变成巴黎风格，
大胆使用色彩最关键

法则
2

要变成巴黎风格，
就要妆点，就要装饰

制作一个心仪的柜台

　　制作一个可装饰的柜台，将迄今为止收集的物件统统摆上去；或者是一面大大的镜子，将它的周边作为装饰台；抑或沙发后面的墙壁、窗户都可以是你发挥创意的地方。一切的一切始于创建一个你所喜爱的空间。

枝形吊灯

镜子

门把手

变成巴黎风格，改造一番

把日光灯改成"豪华"枝形吊灯，将门把手换成古朴情调的把手，换上一面标志性的镜子或挂钟。白色的家用电器也可以涂成自己喜欢颜色。如果你开始琢磨怎么改变那些乏味的生活用具了，那你就算是彻底加入巴黎姑娘的行列了。

冰箱

钟表

让自己的公寓
变成
巴黎公寓

将一面墙涂成粉红色，将另一面墙贴上带有雅致图案的壁纸，房间的氛围一下子改变了。在连接起居室这边的墙上涂上中间色——丁香色。将枝形吊灯和钟表作为装饰的重点，然后再把心爱之物随意妆点一下，看看吧。一个品茶、家庭迷你酒吧，是不是很想招呼你的朋友过来呢。

话虽如此，可我家的窗框是铝制的，墙壁和地面的颜色还凑合……一定有人这么说。不过结论不要下得太早哦。其证据之一就是夏水组法则已经在一般的公寓得到了证实。墙壁我们刷过，枝形吊灯我们换过，各种喜爱的小物件我们装饰过。看看吧，那氛围是不是只有巴黎公寓才有呢？

也可以吃饭哦

改装前

这里是约10平方米的小饭厅。灰白色塑模壁纸的墙壁，浅红色的地板，典型的公寓标准配置。

将橱柜门、餐具干燥器、冰箱门涂成主色调的粉红色。上面的橱柜门使用了可作为黑板的特殊涂料。今天的菜谱以及购物清单什么的都可以写上去，这才是带着游戏情趣的巴黎风格。把手也换成了可爱的陶瓷把手，天花板还吊着一只塑料小鸟。是不是有点儿迫不及待地想站在这里了呢？

厨房也可以改变哦

改装前

虽然地方很小，但设施实用。白色虽然给人清洁感，但遗憾的是无法给人做家务的那份快乐心情。

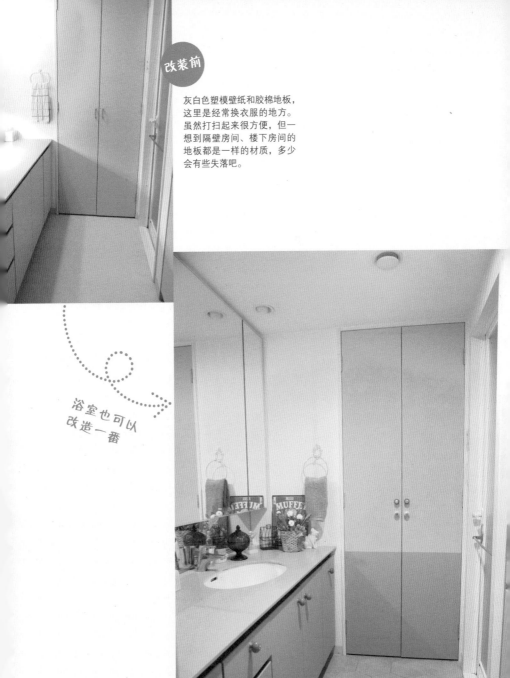

灰白色塑模壁纸和胶棉地板，
这里是经常换衣服的地方。
虽然打扫起来很方便，但一
想到隔壁房间、楼下房间的
地板都是一样的材质，多少
会有些失落吧。

浴室也可以
改造一番

把这里涂成和厨房一样的颜色，
地板换成石材质感的，令人眼前
一亮的可爱化妆室就出来了。一
个让人放松、流连忘返的场所。

Part 1
将已有的物件
替换成巴黎风格

Part 1-1

换一个古色古香
的门把手

材料·工具
门把手

十字改锥

做工时间	10 分钟
材料费约	3000 日元 / 个

改装前

这种门把手十分常
见，虽然价格很适
中，但难免给人无
趣乏味的印象。

更换门把手是非常简单的。
但稍作改变，却能大大提升其时
尚效果。有客人来访时，"咦？！"
最先表现吃惊的地方往往就是这
里了。关键是"尽量找到可爱的
门把手"，仅此而已啦。门把手
的价格一般在三四千日元。如果
去巴黎或纽约旅行，也能发现不
少心仪的宝贝。只是国外的宝贝
有时尺寸不太合适，这一点可要
小心哦。

　　坦率地讲，直把型门把手用
起来还是很方便的。不过呢，敢于
把不便利当作一种乐趣不正是巴黎
风格的体现吗？反正我会这样想。

更换作业只需要
一把改锥。

1　卸下螺丝钉

无论什么门把手，都有一
处拧螺丝钉的地方。用改
锥把它拧下来。

2　拔出金属芯

拧下螺丝钉后，门把手可
以从两侧摘下来。

3　将新的门把手插入

门把手自带的棒形金属芯
插入门把手位置上的洞
中，再把两侧的门把手转
几下将其固定。最后用改
锥将螺丝钉拧紧。

珍藏的各种门把手

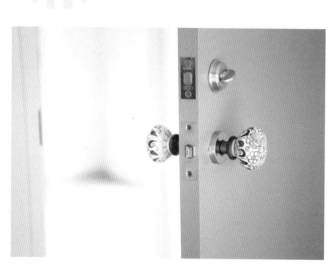

陶瓷材质的门把手

陶瓷材质的门把手一般很少见，发现它们着实让我感动了一番。这在纽约的价格大概是 1 万日元吧。

玻璃材质的门把手

玻璃可折射光线，真是太美了。这也是在旅行时发现的。网店大概要 4000 日元左右。

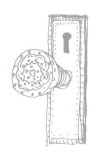

La Tour Eiffel

Part 1-2
让厨房的门把手
艳丽多彩

做工时间	10 分钟
材料费约	400 日元 / 个

材料·工具

把手

尺子
铅笔
电动改锥（可换式）
钳子

1 做个记号

首先确认门或隔板等内侧有无障碍物，把手的安装位置选在避开障碍物的地方。如果什么都没有，左右大致 5 厘米，上下位置选在方便自己打开的位置。

钻孔时保持垂直。通过控制力量大小可以调整速度，因此，慢慢操作就不会失败。

2 钻个洞

在做好记号的位置用电动钻头打一个洞，然后将把手的螺栓插入。

我们试着更换一下厨房柜门或抽屉的把手吧。平时这些并不入眼的"小部件"，其数量在家中却意外的很多。只要你把它们换成自己喜欢的，它们就一定会给你与众不同的存在感。

我这里使用了手工制作的陶瓷把手，1 个 400 日元左右。左右把手没有必要挑选完全一样的，带着一种玩耍、挑选装饰品的感觉就挺好。反倒是各种颜色、各种形状混在一起更可爱。这里要的就是随心所欲哦！

有一点需要注意的是，把手的螺栓如果比门的厚度短或太长的话，会给后面的工作带来麻烦。所以在选购时要好好确认才是。

更换方法是，取下现有的把手，将新把手拧上即可。这当然是最简单的做法，如果想在原本没有把手的地方安装该怎么办呢？我来说明一下吧。

3 用螺母固定

在内侧用螺母固定螺栓。最后用钳子使劲固定就好了。

收集的各种把手

各种颜色的陶制把手和闪闪发光的水晶把手，还有别致的铁制、黄铜材质的把手等，那质感和设计实在好玩得很。我经常光顾名叫"MARUTO"的网店。那里东西齐全，价格适中，很适合女孩子。仅仅是浏览一下就能让你兴奋不已。

在旅游途中采购

只要去国外的跳蚤市场或古董商店，
我总是买个没完。就像换衣服那样随
意，给自己换个好心情吧。

壁柜百宝阁的把手也可以更换

不仅是厨房，组合式壁柜、书架、百宝阁，
或衣柜、抽屉等有把手的地方都可以更换。
在喜欢的地方，把喜欢的把手统统换上去。

把手还可以双双使用

将柄式把手摘下来之后，柜门会留下两
个螺丝孔，我们在上下配上两个不同颜
色的把手。由于柜门的面积较大，使用
两个反倒会觉得十分协调。

这是水晶情调的时尚把手，但遗憾的是这并不是我
的创意。这是早先牙科大夫使用的抽屉，原来如此
可爱的把手早就有了。

做工时间	15 分钟
材料费约	300 日元 / 个

统统自己动手 1

古色古香的门把手

1 随意大胆的装饰吧

在扣子上粘上装饰小物件。如果你希望能更牢固一些的话，将细铁丝等从扣子眼儿的圆孔穿过去即可。

2 做好之后安装到门上

或者，将装饰物件（小珠子等）牢牢粘在扣子上。完成之后再将扣子粘在把手上，将把手插入门上的孔中，用螺母固定。最后再用钳子使劲固定好。

在手工艺品商店，可以买到很多可爱的装饰小物件。

材料·工具
朴实的把手
扣子
饰品小物件

Bond 牌强力黏合剂

　　我一直在想，如果有玻璃珠的把手该多好呀，可惜找了很久都没有找到。于是决定自己动手制作。其实，十分简单。在原有的把手上用强力黏合剂黏上一个略大一些的扣子，然后再将小玻璃珠或"施华洛世奇"风格的装饰物品粘上去。怎么样，有没有被感动得一塌糊涂呢？

　　如果是频繁使用的地方，希望能牢固一些的话，可以将专用串珠线或细铁丝固定在扣子眼儿上，然后在把手上多绕几圈固定，这样就可以放心了。在制作时，我一般使用枪式黏合剂（速干型）。可在瞬间黏合，制作起来会很快、很快的。更换的带芯把手大概 1000 日元。

Part 1-3
让枝形吊灯
成为房间的主人

1　2

3　4

5

6

提起枝形吊灯，似乎那总是遥远异国他乡才会发生的故事。其实它就在我们身边。无论在网店或在宜家等室内装饰商店里，你都可以买到1万日元以下的各种形状、大小不一的枝形吊灯。按照自己喜欢的样式改变一下房间布置，印象一定是深刻的。图1.2.6.在小鸟的腿上有铁丝，只需缠绕几下即可。图3.5.异国情调也是巴黎钟爱的一种风情。图4.只需挂上一些绒线彩球即可简单装饰。

在巴黎的房间里，通常都会有一盏垂饰吊灯，一般以天花板向下垂吊式为主。豪华式枝形吊灯就是其中之一。在家中的天花板上，一般有一个圆形（偶尔也会有方形的）灯具底座。先摘下原来的照明灯具，然后将新的灯具牢牢固定上去。如果只是更换灯具，也就是5分钟的事儿。

顺便说一下，灯泡最好不要用白的冷色荧光灯，黄色的暖色荧光灯比较欧洲风格。

这样一来，房间的氛围就此焕然一新。当然，如果再加上一点巴黎式的可爱风格，或加上一些迷你装饰物，一个自己拥有的、全世界唯一的豪华吊灯就做好了。只要你有了品位和灵感，无需花费重金去装饰房间，这就是一个最好的例子。

更换楼梯的照明。"这里有一定高度，吊一些东西试试吧！"这一想法的结果正如您所见。

1　更换照明灯具

将原有的照明灯具取下来。在照明底座安装新的照明灯具，并固定好。

材料

照明灯具
麻制品的网兜和小鸟等装饰品

做工时间	30 分钟
材料费约	2500 日元
	（利用现有照明灯具的场合）

改变吊起来的不同高度是关键。装饰物投影到墙壁或地面会显得十分有趣。

2　用喜欢的主题物装饰

将小饰物放入麻制品网兜，网口扎好。缝制也可，用黏合剂黏上也可。

这也很
可爱

在单色素雅的灯罩上描绘图案

用油性笔在日本和纸或塑料、布料等不管是什么材质上都可以尽情地描一描画一画。到时候，洒落的光线保证非常好看。就算你对绘画没有什么自信，但随便画一些水滴呀条纹呀，或是星星之类的都可以。跟着感觉走，就算全部涂黑也没问题。左上图是画了一个壁纸图案的灯罩。画得过分一点没准正好呢。

灯具装饰的构思

吊灯上缠绕上人造花

对于简洁设计的吊灯，可以缠绕人造花或缠绕人造常春藤。其大胆的做法会让你眼前一亮。不过，过于接近灯泡会引起火灾等危险，要特别注意！

把灯罩倒过来
装饰一只蝴蝶

原本就具有视觉冲击的灯罩，如果再倒过来使用会更有趣！用强力胶把玩具商店里买来的小蝴蝶粘上，在灯罩裙围上挂上小绒球。

落地灯用装饰带打扮一下

把朋友要扔掉的落地灯的颜色涂改了一下。据说这落地灯是在附近一家批发商店买来的，我只是把装饰带缝制上去而已……是不是一下子变得很"巴黎"呢？！这卷装饰带是在一家货均300日元的杂货店买来的，由于长度不够，就买了两种，没想到结果反而更有情趣。

Part 2
改造家具和小物品

Part 2-1
用漂亮的壁纸
唤醒椅子

"先买了再说。"每个家庭总会有一些这样的家具吧？"要不要扔掉呢。"如果你这样想过，那么为什么不尝试一下改造它呢？

例如，照片中的椅子就是利用装修剩下的壁纸粘贴而成的。用2种不同的壁纸让椅子的正反面呈现出不同的颜色。如第104页介绍的那样，因为用的是不干胶壁纸，所以使用起来相当方便。

假如你要质疑不干胶壁纸用不了多久，其实就算不会太长时间，不是还留着下次装修的乐趣吗？这里蕴含着一种特殊的爱意，让你无法割舍。

做工时间	15 分钟
材料费约	0 日元
（使用现成的椅子、剩余的壁纸）	

材料·工具
椅子
壁纸（不干胶）

刀具
排笔毛刷

1 把壁纸铺开

准备好一张比椅子座面略大的壁纸。撕掉不干胶的纸，粘贴到椅子上。

2 用排笔毛刷将空气赶出

使用排笔毛刷，将空气从中间向四周外侧赶。

裁剪下来的壁纸还可以贴到日记本上，让日记本也装饰一下吧。

3 裁去多余的壁纸

沿着椅子的形状裁去多余的壁纸。

改装前

1000 日元左右买来的一把普通椅子。椅子是扔掉的对象，不过这正是体验巴黎风格手工制作的宝典。

这也很可爱

剪下一块布用强力胶粘上去，这种装饰也很棒哦。还可以作为遮掩开线、污渍等的手段。另外不妨试试如右图那样，在同一面粘贴两种颜色。

很可惜你们看不到了，椅子的底部刷了红色的漆。

4 晾干，大功告成

等待胶水完全粘牢就算大功告成了。

Part 2-2
给椅子涂上法兰西特有的雅趣

做工时间	30 分钟
材料费约	1000 日元
（使用现成的椅子）	

　　用自己喜欢的颜色让椅子极具个性化。希望保留木材的茶色，所以用另外的颜色只刷了一部分。不过，开始不要一下子就确定你想要的最终样子，一边涂漆一边试看效果，一部分一部分地上漆就可以了。做工期间，不时地站起来远距离眺望一下"成果"，这可是关键步骤哦。

　　由于椅子的坐面就算费工费力的上漆，面漆也会马上脱落，所以我一般不给坐面刷漆。这样一来就不用大面积的刷漆，于是使用的工具只需要绘画用小排笔即可。如果连这种工具也没有的话，可以去百元店（日币）买一把类似的小排笔。

　　做工的技巧是不要刷的太厚。原本木材的颜色要依稀可见，模糊的才可显现法式风味。

材料·工具
旧椅子
水性涂料
（50ml 桶等）

不干胶贴纸
毛刷

这是关键之处。在建筑现场老师傅告诉过我"养护准备 80%，上漆 20%"。

1 养护准备

先确定上漆和不上漆的地方，贴上不干胶纸。

养护准备之后的状态

将裁短的不干胶纸沿着弯曲的地方一条一条贴好，这是最关键的。

2 在喜欢的地方上漆

先是在椅子背后试着涂抹了一下，后来发现还差点儿什么，最后把椅子腿也涂抹了。

成功啦！好棒，透着那么法兰西对不对？

Memo

这次只是偶然遇到这把旧椅子，如果你想寻找这类风格的家具,告诉你一般我去古董（复古风格）家具专卖店"欢乐市场"（Jubilee market）。当然，并不是都去古董家具店啦，家里有的、觉得有点陈旧的……总之，只要是这类家具不妨一定亲自尝试一下。

欢乐市场
http://www.jubileemarket.co.jp/

3 晾干，完成

水性涂料大概只需 5 分钟就能晾干。

你可能在奶奶家见到一把椅子；可能在古董家具店与一把椅子相逢；有韵味的家具也许是你今生今世再也无法买到的。这种心情会让你即便那家具有些残破，即便有某个地方不甚喜欢，但依旧无法抛弃它，总是祈祷着留下它、稍加修整，让它继续发挥它的作用。

这把旧椅子的座面原本是茶色纤维喷塑的很有"和式"感，一直没有舍得扔掉。于是，我打算用碎花图案和水珠面料更换一下座面。怎么样，是不是变得有点儿像巴黎跳蚤市场上常见的那种怀旧少女情调的椅子了？

装修用袖珍撬杠和小型射钉器这类工具都在 1000 日元左右，在 DIY 商店或网店都可以买到。不过呢，可爱的带喷塑面料您只好到一般女孩子常去的店铺去找了（笑）。

Part 2-3
用少女偏爱的布料
替换椅子的座面

做工时间	10 分钟
材料费约	800 日元
（使用现成的椅子）	

材料 · 工具

旧椅子	袖珍射钉枪
喷塑面料	剪刀
	锤子
装修用小撬杠	木工用黏合剂

卸下来的状态

椅子如果很旧，原来的海绵软垫就会脱落。遇到这种情况只好停止更换，用锤子把座面原封不动的砸回去。

1 把座面卸下来

先把椅子倒过来，将装修用小撬杠插入座面下方，用力把座面撬下来。

4 为了保险起见，用锤子敲打敲打

要确认射钉是否牢固。最好用锤子敲打一下。

这里是技巧！

简单固定后，仍要轻拽布料，先将上下左右固定好，其次是四个角。为了不在座面上留下皱纹，要耐心仔细的轻拽，射钉最好先疏后密。相比上来说固定一个边，不如每个边一点点的固定。

2 用袖珍射钉枪固定

裁剪布料，四周多留出 10 厘米左右。将覆盖在座面上的布料折到背面，在距离周边 2～3 厘米的地方用袖珍射钉枪简单固定。

5 把座面装回去

在座面的背面四周涂上黏合剂，把座面放在椅子上，用体重使劲压一压，放回原处。

最终射钉之间的相隔距离大概是 1 厘米。

3 裁去多余的布料

射钉固定后，将多余的布料裁掉。

好了，更换好了！
是的，很简单吧！

6 干燥、完工！

黏合剂干燥之后就算完工啦。

Part 2-4
用自己喜欢的颜色
油漆家具

做工时间	30 分钟
材料费约	1000 日元

（使用现成的椅子）

　　刷漆这件事，其实是非常简单的。最初也许会觉得这工程可大了去了，如果仅仅是油漆家具的话，其实也就是小工的级别。只要有一杆绘画的笔就足够了。水性油漆没有什么异味，只要在家里铺上塑料布，哼着小调就能完成。就算有点儿颜色不均的色斑也没关系，反而令人不可思议的是这些色斑反倒显得有些法兰西风格呢。

　　去过世界各国旅游之后才发现，有些发白、似乎总留有人工痕迹的日本木质家具的颜色才是个别而特殊的。遗憾的是这些家具与巴黎风情相差甚远。那么就挑选自己喜欢的颜色刷一刷吧，要知道巴黎姑娘们重新油漆家具可是周末的一项"例行公事"哦。

材料・工具
家具
水性涂料
（200ml 罐装等）

不干胶贴条
毛刷

1 万日元左右买来的四轮餐用推车。瓷砖贴面和放置红酒的设计非常有巴黎风格，所以买下了。但总觉得还缺点儿什么。

1 修整之后开始上漆

首先把上漆和不上漆的分界线确定下来，粘上不干胶贴条，然后上漆。

这是我要极力推荐给大家做的！

这也很可爱

故意滴，留下裂痕的加工

有一种油漆叫做裂痕涂料，使用它就可以刻意保留一种裂痕，看上去就像表面有剥落的古董一样。这款改造过的家具是不是很像 100 年前就摆放在巴黎阁楼上的家具呢？

2 抽屉，只给前面上漆

无需全部油漆，只要把看得见的地方、比较突出的地方油漆一下就好。

ÇA C'EST LA CHANSON

Part 2-5
书架的里面贴上
各色壁纸

就像小手包或连衣裙那样，壁纸中也有很多可爱的图案。我太希望让大家知道这壁纸的乐趣了，那就在这里给初学者介绍几个方法吧。在书架里或家具等地方贴上壁纸可以让时尚感骤然提升哦。

这里呢，先用一个很旧的碗柜试试吧。碗柜的材质是常见的那种三合板，贴上壁纸看看吧。

市面上有一种壁纸用的弱黏性胶水，用它就不怕万一失败了，贴坏了再来一次就好。

改装前

很旧的碗柜。还带有一点划伤，如果能遮盖就好了。这正是我的突发奇想。

材料·工具

壁纸	水桶
壁纸用粉状黏合剂	刷子
（德国产"Metylan direct"等）	裁纸刀
	尺子

完全不用在意花纹相配与否。越简单越好，就算没有准确接上也不用担心。

做工时间	1小时
材料费约	3000日元
	（使用现成的家具）

1 先搅拌粉状黏合剂

将水放入粉状黏合剂中，搅拌。用量参照粉状黏合剂包装盒上的说明。

3 贴壁纸

裁剪一块大致尺寸的壁纸进行张贴。

2 在碗柜里面涂抹搅拌均匀的黏合剂

用刷子将碗柜的里面涂抹均匀。另一种方法，在壁纸上涂抹黏合剂，所以参照粉状黏合剂。

4 贴好后按照尺寸裁剪

用尺子抵住壁纸，找好角度，用力按住后使用裁纸刀裁剪。贴好后进行调整也十分简单。

壁纸，
还可以这样使用啦

在楼梯的阶梯处贴上壁纸

阶梯也是十分惹眼的地方，因此效果会
十分明显。做法和碗柜的做法完全一样。
如果用三种颜色的话，每个阶梯的色彩
和图案都会改变；如果用五彩缤纷的颜
色，做出来也一定很可爱。

墙壁和壁柜的一体化

试着将用于墙壁的壁纸也粘贴到壁柜里，
会给人空间得到扩展的感觉。不过，如
果壁柜里塞满了东西，好不容易贴上去
的壁纸就看不见了，所以这里最好当作
装饰性空间使用。

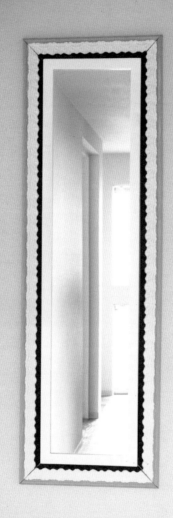

Part 2-6
让镜子变得少女般羞涩

说起巴黎的室内装饰，墙壁和天花板的分界处、门和窗户的四周等重点部位都会有"镶边"，这您知道吗？我们叫它装饰成型材。原本装饰成型材是木材或石膏制作的，但这里使用的是聚亚安酯（polyurethane）一种重量超级轻、十分好用的装饰成型材。长度2.5米才2000日元左右，很便宜。

把这种装饰材料直接用在墙壁或天花板虽然也很时尚，不过我倒推荐作为改造家具更合适。使用后不仅房间会变得无比华丽，整个房间也会充满浪漫情调。由于这种装饰材料很容易着色，因此可以根据图案涂上一些颜色让它更加华丽。那天，我尝试着刷上巧克力色和薄荷色，效果就像一块蛋糕，看上去很好吃的样子。虽然原来的白色也很雅致，但还是介绍一下整个过程吧。

角尺裁刀

虽然也有45度专用裁刀，但即便没有那么严谨也是OK啦。

这里的关键是，即便没有裁好，也只是留下一些缝隙而已，没准更可爱呢。

材料·工具
镜子
装饰成型材
水性涂料
（50ml/罐等）
螺丝钉

裁刀
尺子
铅笔
电动改锥

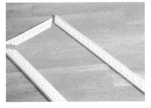

1 根据尺寸剪裁

根据镜子的尺寸，用裁刀将装饰成型材裁好。两端呈45度角。

2 涂上喜欢的颜色

根据浮雕的模样，分别用巧克力和薄荷色两种颜色上色。上色随意就好。

3 装在镜子上

将裁好的45度角材料核对好，然后装在镜子上。有两个人的话，这活儿比较容易做。

4 用螺丝钉固定

在45度角的地方用螺丝钉固定。或者只用强力胶水也可以。

5 修改觉得不合适的地方

或许会有一点缝隙吧，用涂料遮盖一下也不错。

做工时间	30分钟
材料费约	5000日元

Living Room

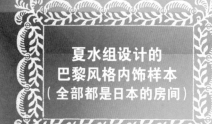

夏水组设计的
巴黎风格内饰样本
（全部都是日本的房间）

喜欢的颜色、喜欢的东西、喜欢的家具，不用管它是什么，一切从你周围去发现。比如，从一款心仪的沙发开始，它的背景是什么颜色好呢？照明器具用什么形状的好呢？只要找到一个基准，收集你喜欢的物品，就可以搭建一个属于自己的世界。

这些都是我们亲手翻新过的东西，仅仅是一小部分罢了。如果颜色的搭配或款式挑选能对您有所帮助，那将是我们的荣幸。

1. 漂亮的青绿色墙壁，衬托出深巧克力色的家具、红色灯具。2. 一面大大的镜子和令人印象深刻的灯具是这里的亮点，用五彩缤纷的马赛克瓷砖游戏色彩。3. 地面铺上黄绿色地毯，心情就像远足踏青。躺在上面看书也不错。4. 红墙让你的心情愉悦、开阔。这是成熟女性的房间。

5. 充满怀旧的空间与这里的马赛克瓷砖十分融合。红色更是亮点。6. 青绿色墙壁衬托着满眼朝气的黄色玻璃马赛克瓷砖。橘色的壁纸与其搭配。7. 壁纸底色是青色和白色混搭的,其图案令人心旷神怡。再搭配一组粉红色垂饰吊灯。

照片由时尚有趣不动产传媒　牧羊不动产提供
http://www.hituji.jp/

8.9.好像小点心一样的马赛克瓷砖。浅绿色的黑板还可以随时记录每天所发生的事情。

Kitchen

和不锈钢或人工大理石橱柜面板相比，还是瓷砖最可爱。各种颜色粘贴在一起的马赛克瓷砖和壁纸是这里的主角。

10.鲜艳的桃红色厨房和极光玻璃马赛克瓷砖，让每天的烹饪更加快乐。

11

12

11. 青色涂料和茶色条纹。无论是衣服还是包包，你装饰得越多，房间就越可爱。12. 草莓图案的壁纸和星星吊灯的卧室。13. 成年人床边放一个叶子形状的简易装饰灯罩也是我的推荐。

13

Etc

无论是衣帽间还是卧室，无论是书房还是工作间，总之房间的每个角落都充满了快乐。

14

15

14. 刷成青色墙壁之后发现，相比白色的墙壁，空间感不可思议地大了许多。15. 这是一扇仿古式的很有厚重感的门。似乎配上仿古式照明更能衬托出气氛。16. 外墙用青色涂料刷好之后，木材建造的公寓顿时恢复了生机。

16

17. 将那扇仿古式门涂成浅蓝色。将可爱的洗手间手纸架也固定在门上。18. 这个面积的地方，用花色图案壁纸挑战一下如何？19. 在墙壁上开个孔，装一个窗户。20. 生机盎然的黄色墙壁搭配上黑色水珠点图案的壁纸。红辣椒的装饰灯也十分惹眼。21. 这里大胆地使用了淡粉红色圆点图案的壁纸。

17

18

19

20

21

Bath Room

家中面积最小的地方恰恰是可以堆放自己喜欢的东西的地方，营造一个个人的世界吧。

Part 3
墙壁和柱子
只需这样即可

Part 3-1
无处不在的挂钩
和把手

给光秃秃的地方来一个挂钩

在红彤彤的门的正中间，或是房间的柱子上，或是衣柜的侧面，或是墙壁，或是窗台旁等。不要去想挂什么东西，只要出自本能的"好可爱"、"就想钉一个挂钩"，就来一个好了。只需要拧一个螺丝钉或钉一个钉子。有一把改锥就足够了。

园艺花草也可用于室内装饰

在窗台边，垂吊一个小筐或花盆，在小鸟饮水的小碟子上绑上一束人造花。将庭院的开放感引入你的房间。如果是铁制小物件这类略带重量的东西，可用铁制固定架（参照 67 页）。

生活用品也可成为装饰物

起居室挂上一个在欧洲街道似乎随处可见的垂吊式钟表。玄关可固定一个怀旧式的雨伞挂钩。毛巾挂环就装在楼梯扶手处，我觉放在这里好可爱。

在厨房的柱子上装一个开瓶器

就像老电影中常出现的那样，在房间的柱子或墙壁上安装一个壁式开瓶器。把瓶盖放入虎头狗形状的开瓶器，"砰"的一声。这是一种叫"丽唯特 Liquitex"的丙烯绘画颜料，我是故意将开瓶器涂成模糊难辨的样子。将丙烯颜料直接挤满毛刷上，不要太仔细涂即可，没有涂到的凹陷处会更凸显它的深度，给人自然、古色古香的感觉。

网购或旅途中买到的 1000 日元左右的小物件

便宜、简单、看着清爽，可随时装饰，这就是挂钩类小物件的魅力。在日本的话，你可以找到诸如"Malto"或"Covent Garden Bazaar"等品牌，只需 1000 日元左右的好东西。我推荐的话，那里的抽屉把手、怀旧感十足的钥匙和锁等都不错。当然，外出旅行时去跳蚤市场或 DIY 商店逛一逛也是很有情趣的。我呢，比较偏爱动物，收集的几乎都是动物主题的小物件。不过，卡通人物也不错，给人愉悦感，房间也会因此变得明快，我喜欢。

　　可以装饰的就满满地装饰好了。不要踌躇，只要喜欢就好。我们的目标就是把自己淹没在愉快的房间中！如果挂钩本身自带螺丝钉，那就一个一个的钉好它，不就是使劲拧吗。如果是附带螺丝钉的那种，就要准备好改锥了。

　　不管是房门还是楼梯的扶手等地方，只要喜欢就装一个。当然，客人来访时最容易发现的地方就更好了。眺望房间时，总有一面立即映入眼帘的墙壁吧？好吧，在那里装一个、两个，甚至三个。装得越多，没准儿收拾房间的时候更便利呢。

　　等你收集了这些喜欢的小物件，接下来的事情就容易做了。这里介绍两种风格，一种是复古风格（译者注：20 世纪 50 年代流行于欧美的一种装饰建材，Mid-century）的塑料三合板系列。一种是洛可可风格（译者注：18 世纪的一种装饰风格）。

与墙壁和柱子相关的高级技巧

当挂钩自身较重时，就要使出秘密武器了。秘密武器的名字叫做"内墙锚栓"（膨胀螺栓的一种）。除此之外，如果在挂钩上还要吊挂钟表等重物的话，其承受力将更大。此时，就需要你确认墙壁里层是否坚实了。

另外，在这里介绍几个退还租赁房间时，墙壁或柱子等处留下的洞孔该如何尽量不留痕迹的方法。当然了，这种方法也不是万全的，如果墙壁或柱子不易钉东西，那我就推荐将挂钩等装在桌子的四周或镜框等家具上。

用锚栓加强固定

1 首先，将螺栓拧进去试试

如果墙壁不是空的，便可挂重物。如果螺栓左右晃动，用力即可拔出来的话，就要用锚栓了。

2 放入锚栓

在螺栓开的孔内放入锚栓，用电动改锥将其拧到深处并固定好。

3 再次放入螺栓

将螺栓放入锚栓，用电动改锥固定好。在锚栓的作用下螺栓就不会左右晃动了。

用螺栓直接挂东西

此时，不要将螺栓完全固定，要有意识地留出几厘米的长度。这样即可挂镜子或画框。

材料・工具

锚栓　　　　　电动改锥
螺栓

遮盖打开的洞孔

材料
充填剂

1 用充填剂

向打开的洞孔加入充填剂。

此方法也能将螺丝头隐藏起来。

2 把洞孔抹平

稍用力按住充填好的洞口，将充填剂抹平。

3 洞孔不明显了

这样一来，打开的洞孔就不会太明显了。

Part 3-2
安装一面标志性的镜子

做工时间	1小时
材料费约	11000日元

当你看到"见识一下巴黎的房间"这一标题后会发现,一般巴黎风格的屋内墙壁都会挂一面大大的镜子。尤其是矮柜或壁炉上悬挂的大镜子就好像人们事先约定好一样。即便没有壁炉,希望扩大室内空间的心情可见一斑。

我最喜欢的是带木质窗门的镜子。让人欣慰的是这种大小的镜子一般只有1万日元左右,还是可以接受的。好像房间里又多了一扇窗,是不是会产生一种对"窗外"的憧憬?

这种窗门式镜子本身就挺可爱,但夏水组的主义是绝不使用买来后不加修饰的东西!我们有意识的刷上了略显暗淡的红色涂料。

当然,使用个人喜爱的普通大镜子也没问题。不过呢,如果想装饰出一点巴黎风格的话,我们还是推荐您将镜框涂成金色或用装饰成型材镶边(可参照54页)。

材料·工具

镜子	不干胶贴纸
水性涂料	毛笔
（200ml 罐等）	抹布
螺栓	铅笔

1 上色

在镜子与镜框之间贴上不干胶贴纸，进行保护。
刷上涂料之后，用抹布擦拭做旧。

3 在墙上钉好钉子

钉一个钉子试试看，如果墙的内面很坚实就
OK。如果不坚实就需要用锚栓进行加固（参
照 67 页），然后再钉钉子。

2 决定悬挂的位置

先将镜子摆在墙上试试看，然后在需要钉钉子
的地方做个记号。之后让另一个人在稍远的地
方帮忙看一看。

4 将镜子挂好

把窗门打开，在镜子后面用绳子捆好，镜子就
可以使用了。

给普通的镜子
装一个窗门

这也很
可爱

左下图，这是一个复古情调的窗门
镜框，将它装在普通镜子上。右下图，
这是在宜家买的 1 万日元左右的镜
子。用金色镜框装好，十分的巴黎
风情吧。

Part 3-3
在墙上挂个可爱的动物头像

做工时间	1小时
材料费约	1200日元

小动物头像近来十分流行。你说只有我们喜欢吗？不对不对，最近在一些时尚的杂品店或网店你都可以找到的，这是不可错过的哦。

或许是狩猎民族的遗传吧，巴黎的姑娘们可以若无其事般地装饰动物标本。但夏水组觉得还是可爱版比较好吧。因为毛绒玩具总能给一种你轻松、释怀的感觉。

虽然在商店也可以买到如此可爱的东西，但不要忘了自己也可以做哦。意想不到的简单。1000日元的毛绒玩具，只需拿起剪刀咔嚓咔嚓剪开，然后再细心的缝好就是了。当然，只要你能承受"好残忍"的心情就没有问题。

我呢，不仅如此，从手工艺品商店买来自制娃娃的眼睛，用来改变一下自制毛绒挂件的表情，甚至用项链或人造花装扮一下，以此来提高创意度。

材料·工具

毛绒玩具
瓦楞纸箱　　　彩带
布料　　　　　剪刀
丝线　　　　　针

虽然就这么摆放也很可爱，不过……

改装前

虽然就这么摆放也很可爱，不过～～～～

剪开毛绒玩具的身体，将剪下不要的那部分的填充物塞进脸部。将瓦楞纸板按照剪开的毛绒玩具的断面大小裁好、填入，然后用一块比纸板大一圈的布料覆盖，最后将布料和毛绒玩具对接、缝合。在悬挂的顶端用彩带缝合一个环（用来挂在钩子上的）。制作时，还有其他自制选项哦，比如可以更换眼睛（将毡布裁成圆形，缝上布娃娃的眼睛），还可以挂上项链或绒线球等。

这也很可爱

巨大的白熊

在名叫"FLYERS"的网店花 8000 日元就可以买到。如果再挂上一些人造常春藤或人造花，会显得更加可爱呢。

侧脸的黑犀牛

这个也是在"FLYERS"网店花了 8000 日元买到的。犀牛的侧脸十分怪异可爱，我非常喜欢。

这就是巴黎风情装饰的秘诀

　　送给——那些自认为缺乏装饰才华和自信的人。只要了解了某些技巧，你的品味就会～噌～噌地～提高！首先，纵观整个房间，你首先要分清楚什么地方该装饰、什么地方不该装饰，然后才是装饰的方法。虽然每个空间各不相同，但基本步骤是相同的。现在让我们看看墙壁和窗台这两个例子吧。

1 房间的正中间来一个标志性大物件

在正中间夸张的装饰一个象征性的大家伙。如果稍微将重心向下一些，会给人稳重踏实的感觉。

2 周围随意装饰一些中等大小的饰物

这时，不管是高度还是间隔都不要所谓的"均等"，散落在各处才是最关键的。色调以中心物为明快，周围以雅致为标准。

3 只管装饰你的小物件

剩下的你就只管把喜爱的东西摆上去就好，然后从远处确认一下。每一个小物件都带有自己的个性，将它们统合在一起就没问题啦。

1 以窗户为主角，周边是配角

这时候的主角是窗户。窗户周边可以随意散落一些诸如爷爷留下来老挂钟、铸铁的架子、动物的毛绒头像、挂钩等。

2 加上小·物件，搭配自己的风格

装饰的再多都不为过，这就是巴黎风格。而买来之后就直接拿来装饰的做法绝不是夏水组的风格。摆满它，诸如动物毛绒头像或摆在铁架上的人造盆花！

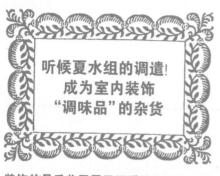

听候夏水组的调遣！
成为室内装饰
"调味品"的杂货

装饰的最后收尾属于可爱的小物件。巴黎姑娘为什么总能把房间布置的那么好呢，装饰店"malto"老板拜亚先生告诉了我们其中的秘密。他们时常会从欧洲各地运回装满集装箱的各种杂货和家具。与此同时，还带回来了装饰的美妙构思和生活的梦想。

蔬菜用的木箱

这是很久以前欧洲农家经常使用的复古式木箱。放在墙壁旁边或几个摞起来当作柜子使用也不错。而且作为杂志收纳箱，尺寸也刚刚好。1个4000日元左右。

具有个性的面料

一块面料是最轻盈的室内装饰材料。一块布就可以让房间气氛瞬间改变。110×200厘米大约2000日元。使用几个窗帘挂钩（12个大约400日元）就可以很轻松的自己制作一个窗帘。

复古书籍

并排陈列在这里的精美图书怎么样？像不像欧洲的图书馆？是否很羡慕呢。其实，这是以真正的书籍为主题图案的书籍式收纳盒。盒中可以收纳一些零碎物品。1 个 2000 日元左右。

木制镜框

金色或银色的古典镜框。只需直接安放或当作艺术品装饰即可。一个很棒的空间就出来了。墙壁也可以成为一面展台。

柳条筐

一个普通的筐也可以在"收纳展台"大放光彩。当然了，购物或远足的时候也可以带上它！它的名字叫葡萄筐，制作精良十分耐用。1 个 1500 日元左右。

烛台

欧洲女性非常喜欢烛台。尤其是窗边或壁炉都要放上一些。哪怕是一个人的寂寞晚餐都要点上一支蜡烛。这是一支"不用火"的烛台。轻轻吹一口气便可熄灭或发光的烛台。

搪瓷杯

在厨房，可用搪瓷杯盛放面粉或泡咖啡，在浴室可盛放毛巾类的东西。极富生活感的搪瓷杯，家中有几个都不算多，实用且珍贵。3 个 1 套 1500 日元左右。

没有什么用途的艺术品

虽然没有什么特别意义，也派不上什么用场，但却是令人心旷神怡的小物件。这类物件在房间中不断增加恰恰佐证了房间的巴黎风情。童话般的蘑菇生长在石头上，即便从上面看也十分可爱。1 个 1000 日元左右。

Part 3-4
贴在天花板的墙壁彩贴

　　也许你早就知道墙壁彩贴了。既时尚又鲜艳，房间中幽默的主题随处可见。你可以信手拈来地、快乐地把你的墙面改来改去。彩贴有很多种，有一种贴后还可以揭下来的彩贴。要知道，租赁房屋的主人在你退房时会来检查的哦。

　　在这里，我最想建议是墙壁彩贴。虽说是墙壁彩贴，但不一定非要贴到墙上，家具、厨房、玻璃窗、天花板等只要是平整的地方都是你尝试的机会！

　　如果，你想让巴黎风情改变一下吊灯的气氛，那么我极力劝您尝试一下改变天花板的做法。1000日元左右就能买到很多样式的墙壁彩贴，无论是效果还是性价比都绝对值得。

材料・工具
墙壁彩贴

剪刀
塑料卡片

天花板的作业需要
两个人配合。

做工时间	15分钟
材料费约	2000日元

改装前

要改变吊灯的气氛，希望更加时尚的话，
就把目标指向天花板吧。

1 确定粘贴的位置

先裁掉墙壁彩贴多余的部分。然后穿过照明器
具的电线，确定好粘贴的位置。

2 揭掉背后的纸

彩贴背后的纸要一边揭开一边粘贴。此时还不
需要用力铺平。

这也很
可爱

窗户上的"东西合璧"

古老的日式建筑的楣窗，即天花板与门楣这块空间常
常是用来装饰的。我们模仿着，在窗户的上方贴上一
块彩贴。对了，听说十分喜欢"和式"装饰的法国人
将这种做法称作"榻榻米生活"（tatamiser）。

3 再揭开表面的透明膜

用塑料卡片等仔细刮平彩贴表面，然后再慢慢
揭开表面的透明膜。

Part 3-5
给天花板装上
徽章式吊顶

　　只需装个花式吊顶，就能让你的房间一下子改变、一下子呈现巴黎风情，这里介绍几个小技巧。徽章式吊顶就是其中之一。所谓徽章式吊顶，这在欧洲建筑中是绝不可缺少的一种石膏装饰物，它是制模成型的一种，主要用途是装饰天花板。虽然看上去十分厚重、高级，不过现在已经有一种聚亚安酯材质的，十分轻便。照片中的花式吊顶大约 3000 日元左右。

　　要想将欧式吊灯等装饰的更加可爱，可以尝试加装一个花式吊顶。房间中，虽然四白落地的氛围也不错，但添加一些色彩也会有不错的感觉。即便没有欧式吊灯，加装一个花式吊顶的效果也很棒。我的卧室就装了一个。

　　这花式吊顶真的很不错哦，在日本还不是很普及。赶紧装一个，在朋友面前展示一下吧。

做工时间	20分钟
材料费约	4000日元

材料·工具
花式吊顶
水性涂料
（50ml罐装等）
螺丝钉
填充用乳胶

画笔
电动改锥

给花式吊顶涂上浅蓝色，你觉得如何？

1　确定好位置

自己给花式吊顶涂上喜欢的颜色。如果要安装在吊灯的位置，先将吊灯取下，确定花式吊顶的位置。

2　用螺丝钉固定好

在边缘的 2 个地方用螺丝钉固定。在螺丝钉帽的地方用乳胶涂抹平整。

Part 3-6
给窗户
周围装个木框

铝材的窗户总是缺少一些韵味。不过我们有办法让它变得温馨一些。这就是加装一个木框。

成功的秘诀只有一个。那就是下决心把窗户扩大，增加10厘米的宽幅就会好很多。到家具市场买一些木条，什么材质的都无所谓。

这有点DIY的味道吧，其实做起来可简单了。或许唯一有难度的就是将木条的两端锯成45度角。如果嫌麻烦的话，在家居建材市场或杂货店都可以帮你锯好。但是我还是觉得自己动手比较有趣，哪怕有一些错位，那也是独一份的乐趣。

之前，刷上颜色也可，不刷颜色也无所谓。如果您十分犹豫，那就装好之后再刷颜色好了。如果想涂一些颜色，如照片中的灰色系列与窗户十分搭配，当然红色或绿色也会很可爱的。

材料·工具
木条
螺丝钉

锯子
电动改锥

做工时间　　　1小时30分钟
（如果木材请人锯好，只需30分钟）
材料费约　　　　　2000日元

虽然一个人也可以完成，如果有人帮忙扶一下就更好了。

1 自己动手锯木条

根据窗户的大小，将木条的两端锯成45度角。如果木条较厚，在木条内侧的两端用电钻打个洞。

2 先安装一根木框

先从短的木条开始安装。内侧的上下用螺丝钉固定。

3 全部安装

按照相同方法，将四条木框安装好。

螺丝钉要直上直下的固定好

电动改锥，一开始使用或许会觉得有点可怕，不过慢慢来，习惯了就没问题啦。

这也很可爱

在新窗框加个挂钩会很便利

如果加几个挂钩，不仅使用会很方便，装饰效果也非常好。

Part 3-7
搁板下面装几个小瓶子

做工时间	20分钟
材料费约	300日元/个

　　这个怎么样，不错吧。不管是调味瓶还是胡椒瓶，不管是糖果玻璃罐还是零食玻璃罐，都可以哦。随你放些什么啦，玻璃珠也好，扣子也罢，总之这类东西都是你的宝贝。关键是这个有趣的点子可以让原来总是摆在架子上的小东西统统转移到架子下面。老实坦白地说，这个有趣的点子来自我经常去的一家"好烧"店。他们的木鱼屑和青紫菜末就是这样放置的。

　　材料都是百元店的。瓶子的盖子无论是塑料还是铁的或是铝的都可以，只要能钻个孔就行。之后，只要用不干胶彩带或布纹胶带贴在盖子周围就可以了，看看吧，透着一股巴黎风情不是？这里的关键是，千万不要找大小和形状相同的瓶子。将各种形状的瓶子错开位置、任意装饰才是最具特色、最可爱的。

材料·工具
带盖子的瓶子
不干胶彩带和布纹胶带
螺丝钉

锥子
锤子
改锥

我们要推荐的是，一定要各种形状、各种大小的，而且与桌子的颜色、图案不一致的瓶子。

由于瓶盖很薄，所以只要轻轻敲打，就可以穿透。

1 在盖子上钻个空

先用不干胶彩带或布纹胶带把瓶盖装饰好，再用锥子和锤子开一个孔。

锥子在百元店就有卖。

2 用螺丝钉固定

从盖子的里侧，用改锥将螺丝钉拧进去固定。

3 将瓶子装上去

把瓶子安到盖子上，完成！只要是喜欢的东西就放进瓶子里吧。

用碎布头做个花环彩旗

做工时间	1小时
材料费纺	1000日元

　　能自己做的东西就要自己去做，这是夏水组的精神。虽然我们也常去手工艺品商店，但我们很少用针线的，是的，只要有黏合剂，黏一下就 OK 了，DIY 的女孩子用黏合剂做手工！

　　顺便说一下，买来一些花边蕾丝等也很便宜。一开始我们还小心翼翼地用针线缝好，但某日突然觉得这是不是太慢了，还不如直接买呢。于是，黏合剂就替代了针线。这下我们工作的速度提高了不少。而且，还有避免两头出现开线的优点呢。

　　碎布头以拼接或和服的零碎布头为好，当然我们推荐您使用旧衣服。另外，偶尔夹上几张照片也是不错的想法。

1 先涂抹一些黏合剂

将喜欢的碎布对折，剪成三角形。打开后是个菱形，在对折线的部分涂上一些黏合剂。

2 把绳子夹在碎布对折处

将绳子放在涂抹的黏合剂上，将碎布对折。之后就是重复同样的动作，直到你需要的长度为止。

碎布头的大小最好是不一样的，这样才够特色。故意搞的大小不一没有规律才好呢。

这也很可爱

颜色不同才有味道

手工艺商店里出售成套的碎布头，买来使用十分方便。照片中这种彩旗，颜色深浅不一的搭配是关键。

各式各样的风铃式活动雕塑

所谓风铃式活动雕塑，看似平衡很难掌握，其实就是从天花板垂吊下来一串小物件。这就是我们给您的提案。将可爱的小物件、喜欢的东西用丝线拴好吊起来就是了。当然，太重的东西可不行。

开始喜欢风铃式活动雕塑纯属偶然，起因是住在纽约的朋友送给我的礼物，一串挂在天花板的"云彩"。云彩中夹带着小小的珠子，看上去是不是很像小雨滴？

于是，各式各样的立体物在摇摆中每次的表情都会发生改变，看到它的瞬间我想到了，这个太可爱了，而且自己可以做呀！

材料·工具
小木棍
（四方木棍等）
绘画工具
丝线

裁纸刀
黏合剂
画笔

做工时间	30分钟
材料费约	2000日元

这也很可爱

1 切割木棍

将木棍都切割成大约5厘米长。

2 制作成立体物

制作成立方体或椅子的形状，用黏合剂粘好。

市面上销售的东西

上图就是朋友送给我的礼物"云彩"。中图，在国外也深受喜爱的风铃式活动雕塑的代表。在"MoMA"等商店大约3500日元一个。下图，是我最喜欢的飞鸟模型。好像它们遨游在黄昏的天空自由飞翔，有一种说不出的想要踏上旅程的感觉。

3 涂上颜色，绑上丝线

涂上红色或粉红色。干燥后，用丝线绑住立体物的某个位置，一直连续下去即可。

把玩具挂在墙上

做工时间　　　　　30分钟
材料费约　　　　　1000日元

材料・工具

小熊木雕	丙烯绘画工具	画笔
镜框	壁纸	改锥
苹果的立体装饰物	螺丝钉	

　　木雕的小熊。虽然木雕小熊就这样摆在那里也挺可爱的，但能不能挂起来呢？这样想着就买了一个便宜的镜框配上。镜框用绘画工具刷成金色，再贴上一张剩下的壁纸，嗯~有些韵味了。其实，用包装纸也好、面料也好、用电脑找出喜欢的图案打印出来也可以，什么都可以。最后只要把小熊挂好就一切OK，完成了！

在镜框上挂上小·熊

这其实是一个立式照片镜框。从后面拧上螺丝钉，将小熊固定即可。

可以陈列的木箱

统统自
己动手
5

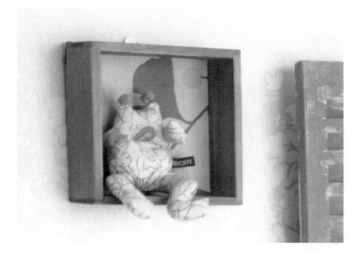

材料·工具

木箱
壁纸

黏合剂

做工时间	20分钟
材料费约	400日元

在百元店里都可以买到的木箱。只需要在箱子里面贴上壁纸，一个独创的镜框就做好了。即便没有壁纸也无妨，一张包装纸或打印出来的彩纸，什么都可以。用彩笔绘出图案也会十分可爱的。

将自制镜框放在柜子上，或用螺丝钉固定在墙壁上都可以。即使就随便摆放，或在里面装饰什么都可以。总之，用途没有限定啦，尝试着找个地方摆放就好了。

木箱里贴上壁纸

根据木箱的大小裁好壁纸，用黏合剂黏好即可。

Part 4
大胆改变墙壁和地面

Part 4-1
把一面墙
涂成粉红玫瑰色

在电影里常看到巴黎人家的墙壁或是粉红色，或是大红色，或是开心果的白色。没错，能够让房间彻底摇身一变的魔杖正是刷墙。

刷墙，其实比想象的要简单多了。只需要拿着滚刷上刷刷、下刷刷就行了。自从有了滚刷，让你的 DIY 一下子变得更专业了。不用说，相比起板刷，滚刷更适合初学者。在"壁纸屋本铺"的商店里，只要花 7000 日元左右你就可以买到包括滚刷在内的刷墙所必备的全套工具。全套工具里有不干胶彩带和名叫 masker 的不干胶防护胶带。不需要涂抹的地方，事先用这些胶带做好保护，这非常重要。

涂料可以直接刷在塑膜壁纸上。水性涂料既没有异味且操作起来很方便。但是，如果考虑到吸烟，会沉积黄色焦油的话，可考虑使用油性涂料。

材料·工具	
水性涂料	不干胶防护胶带
（2L 等）	涂料桶
	板刷
不干胶彩带	滚刷

做工时间	3小时
	（包括干燥时间）
材料费约	2600日元

用滚刷沾一沾涂料，在专用涂料桶的网格上左右抹三次。这样滚刷上涂料的量刚刚好。

1 养护

先分清要刷的地方和不刷的地方，在交界处贴上不干胶彩带。如果是地面等面积较大的地方，使用较宽的不干胶防护胶带进行保护。

3 再用滚刷

内侧可用滚刷涂抹。之后，在板刷刷过的地方再用滚刷刷一遍。尽量刷均匀，可以防止斑点（不均匀造成）的出现。

这里使用的涂料可以直接涂抹在塑料膜壁纸上。

2 先刷边角

将涂料倒入桶中进行充分搅拌。最初可先用板刷把边角等细微部分涂描好。

4 干燥后完成

经过大约 2 小时就可以完全干燥了。要揭去做好的保护不干胶彩贴，最好等到干燥之后。

BEWARE
OF THE
DOG

这也很可爱

把门涂成条纹花样

这是同样的涂料，但颜色是更加鲜艳的粉红色。在竖条形门板上，每隔一块板涂抹一次。刷成条纹状。如果是公寓，门的外侧由于是公共部分，是不可以随便涂抹的，但内侧或房间门就可以自娱自乐了。如果是租赁房间，那可要问问房东能否刷漆了。

Part 4-2
厨房用色彩来搭配

　　厨房是女性的城堡。如果能够按照自己喜欢的主色调进行搭配，每天的烹饪岂不是一件快乐的事吗？介绍一个简单的方法，其实还是改变厨房的色彩。如果能自己刷漆，就可以挑选极具个性的颜色，成本也很划算。

　　刷漆的方法和刷墙是一样的。如果把橱柜门卸下来，当然可以刷得十分细致到位，但我没有。因为我觉得直接刷漆可以省去不少麻烦。

　　和刷墙唯一不同的是，像厨房这种地方多半是滑溜溜的、油腻腻的，在正式刷漆之前需要先用底漆（Primer），否则刷好的地方就容易爆皮了。就好比是化妆，用粉底之前都要打一些底霜吧。涂料用的底漆在"壁纸屋本铺"也可以买到。

材料·工具

水性涂料（2L 等）
Primer 底漆

不干胶彩带
不干胶防护胶带
十字改锥
桶
滚刷

做工时间	4小时(包括干燥时间)
材料费约	10000日元

油污会让涂料爆皮，一定要擦洗干净。

1 养护准备

首先明确刷漆的地方和不刷漆的地方，用不干胶彩带贴好，地面等面积较大的地方用不干胶防护胶带保护起来。将橱柜的把手卸下来。

涂抹底漆时一定要换气通风！因为底漆属于易燃物，要避免在煤气炉或微波炉周围涂抹。

2 刷底漆

底漆是无色透明的，涂抹时不要遗漏。大约30分钟就可晾干。

上两次油漆的目的和涂指甲油是一个原理。显色更清晰，保持时间更长。

这也很
可爱

在淡青色上描金

这是普通的茶色橱柜，我们用了青色和金色两种颜色的涂料，一下子变得巴黎风情了吧。这里也用了底漆。青色涂料是夏水组精心挑选的"青色彩瓷"颜色。

3 刷两遍漆

首先把涂料好好地搅拌，细小的边角要用板刷，内侧用滚刷。然后放置1个小时，干燥之后再刷一遍。

Part 4-3
把冰箱变成
粉红色的黑板

　　看到了？这是我们最想教给大家的一个内容。不管是家里什么地方，只要刷上这种涂料，那就是黑板了。是的，就是教室里的那种黑板，你没听错，可以用粉笔写写画画的那种黑板。这种涂料用在木质家具、塑模壁纸、铁板上都没问题，对了，还有冰箱也没问题。

　　刷漆的方法和墙壁以及橱柜门等是一样的。你可能会问，这有什么好呢？嗯，因为你可以刷成各种各样的颜色呀。比如，纯黑的、绿色的、粉红色的、紫色的，还有红色的、浅绿色的、白色的、黄色的、茶色的和青色的。

　　墙壁或家具，还有家用电器，什么都可以涂成黑板，想一想就让人觉得很好玩，你不觉得吗？也许可以说这是涂料的一次革命吧。可以在黑板上写下你的购物清单，或是家庭成员的留言板，当然还可以成为你个人的即兴艺术绘画空间。孩子们、孩子他爸、朋友们，大家一定会喜欢的。

材料·工具

黑板涂料
（ Green Elephant
生产的 2L 罐等 ）
黑板涂料专用底漆

不干胶彩带
不干胶防护胶带
桶
板刷
滚刷

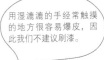
用湿漉漉的手经常触摸的地方很容易爆皮，因此我们不建议刷漆。

1 养护

首先明确刷漆的地方和不刷漆的地方，用不干胶彩带贴处，地面等面积较大的地方用不干胶防护胶带保护起来。

这是黑板涂料和专用底漆。使用后不易起皮，面向初学者，方便、实用。

做工时间	4小时
	（包括干燥时间）
材料费约	7500日元

2 刷底漆

底漆是无色透明的，涂抹时不要遗漏。大约30分钟就可晾干。

3 要刷两次黑板涂料

首先把涂料好好搅拌，细小的边角要用板刷，大面积的里面用滚刷。放置1小时晾干，之后再刷一遍。别忘了，用粉笔写字、画画要等到24小时以后哦。

这也很
可爱

厨房吊柜用浅蓝色的黑板

模仿巴黎常有的那种法式小餐厅，在"今天的菜谱"中写了好多菜谱。

将纯黑的黑板当作
装饰空间

将纯黑的黑板当作装饰空间

将墙上一块只有 1.5 平方米的墙面刷成了黑板，但给人的印象似乎有些昏暗。于是，挂上一个大钟，钟的周围画上很多喜欢的图案。今天出现了很多兔子云朵。

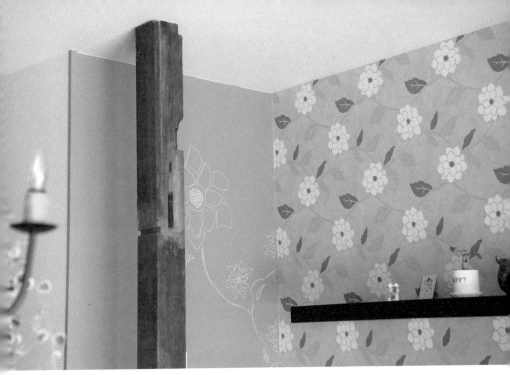

在起居室墙面制作一面绿色黑板

虽然起居室很明亮，但还是选择了让人轻松
宁静的颜色。我很喜欢这里。连接壁纸的地方，
把壁纸图案延续到黑板上。

洗手间门上
画个世界通用的符号

初来乍到的朋友绝不会找不到
洗手间了。画一个最容易理解
的符号吧。

Part 4-4

用可爱的壁纸来替换

A.H.BLACKALL
TEAS
COFFEES & SPICES

103

材料·工具

壁纸（带胶）	尺子	抹平用毛刷
	铅笔	竹板
不干胶防护胶带	卷尺	木柄钢板刮刀
5 日元硬币	剪刀	裁纸刀
丝线	家用移动梯子	海绵
		滚刷

包括"初学者套装工具"在内，6 个榻榻米大小的壁纸和工具加起来大概 1 万日元。

做好准备

为了不让地面粘上胶水，需要大面积地铺好保护膜，然后在上面把壁纸铺开。有图案的壁纸，为了贴上去时分清上下，在壁纸上做一个"地→天"的记号。

想得好周到！

| 做工时间 | 2小时 |
| 材料费约 | 1万日元 |

1 画一条垂直线

在墙壁的右侧（左撇子的人画在左边）90 厘米距离处画一条垂直线。在硬币上系上一根线就可画好垂直线。

↓

2 裁剪壁纸

先测量从天花板到地面的距离，然后按照多出 5～10 厘米的长度裁剪壁纸。

↓

先叠好

壁纸后面的胶水会在 5～10 分钟内干燥失去黏性，因此要折成蛇腹状放好。

3 撕掉薄膜

将壁纸后面的薄膜揭开。此时两个人一起做比较容易。

　　贴壁纸是一件较难的事。坦率地说，还是刷墙比较容易。但是，壁纸的可爱图案实在太多了，其效果之好绝对值得一试，而且贴壁纸是一件非常非常好玩的事。其方法有，不留任何痕迹的双面胶粘贴方法和使用办公用品订书钉，这些方法在租赁房屋使用也没问题。但是，如果房间内已经贴有凹凸不平的壁纸，或者现有壁纸已经发霉，甚至出现开胶、开裂等问题时，还是将原有壁纸揭下来比较好。

　　这时，"壁纸屋本铺"是我们的大救星。他们卖的壁纸就像不干胶贴片一样已经帮我们刷上胶水。

　　这次，我们特别邀请了"壁纸屋本铺"老板教我们如何更好地贴壁纸。法语把壁纸叫做"papier peint"，那我们的标题就叫"papier peint 老师的壁纸课程"吧。

垂直线是标记

图 1 提到的画好垂直线在这里要发挥作用了。第二张壁纸以后不用画线也 OK。

4 开始贴第一张壁纸

将壁纸一端对准画好的垂直线，然后以一种"试贴"的感觉将壁纸快速贴上去。

8 上下的壁纸都按照一样的方法裁剪

方法是一样的。先用竹板让壁纸服帖在墙角，然后用木柄钢板刮刀和裁刀裁去多余的部分。

> 如果遇到褶皱，不要继续勉强张贴，揭下来重新贴为好。

5 挤出空气

用抹平毛刷纵向驱赶空气。从一端的中间开始，上、下刷过去挤出空气。沿垂直线的方向，向下将壁纸垂直展开。

9 拭去多余的胶水

如果墙壁和天花板有挤出来的胶水，用沾满水的海绵擦拭即可。

6 墙角部分要让壁纸服帖

用竹板在墙角一点儿一点儿的抹压，让壁纸真正服帖在墙角。

10 贴第二张壁纸

第二张壁纸和第一张的边缘重叠 3～5 厘米，其后重复 4～9 的操作。

> 将裁刀的刀体多露出一些，裁剪起来会容易一些。

7 裁去多余的壁纸

用木柄钢板刮刀按住服帖在墙角的壁纸，然后用裁刀沿着木柄钢板刮刀的边沿进行裁剪。

11 裁去重叠的壁纸

从重叠的中心进行切割。千万不要切到墙体！将切割下来的部分拿掉，切口处用滚刷进行滚压，使其粘牢。

收尾作业的技巧

空调周围如何处理？

1 总之先贴好壁纸

首先，壁纸长度以到天花板的长度为准，然后将壁纸一直贴到空调下方。

2 将旁边剪开

到空调下方后，壁纸侧面留出几厘米可盖住空调的长度，然后沿着天花板方向，及最上端的壁纸向下剪开。

3 剪掉下面的壁纸

空调下方横向部分贴好之后，在空调下方留出几厘米可覆盖空调的长度，之后裁掉多余部分。

4 裁掉其余的壁纸

先用竹板抹压墙角处的壁纸，使其服帖之后用木柄钢板刮刀和裁刀切掉多余部分。

要使得上下、左右交汇部分能够抹压服帖，就要像折叠点心盒子那样，掌握好要领。就像图片那样喽。

开关周围如何处理？

1 总之先贴上去

只需把开关的外壳摘下来，然后将壁纸贴上去覆盖住。之后用裁刀裁掉。

2 沿着周围切掉

沿着开关的周边，使用木柄钢板刮刀和裁刀就可以裁得很漂亮。

3 将胶水拭去

用含水的海绵拭去挤出来的胶水，之后将开关外壳装上。

各种墙壁，
时髦的墙壁

这也很
可爱

2

绝不后悔的挑选壁纸方法

说到底，还是要遵循"我喜欢"这种直觉！另外，既要近距离看图案，又要从远处看一看整体色调给你的印象，这很重要。一开始，只需要购买最关键那面墙的壁纸就可以了，或者从厕所或洗漱间这类小面积空间的地方着手。

Memo

如果您觉得自己贴壁纸太不可能了，那就邀请专业人士。东京地区的话，有"elgodhome"等专门店。6个榻榻米大小的房间，包工包料贴一面墙的费用在2万日元左右。

ELGODHOME 的网址如下：
http://elgodhome.jp/

巴黎风格的颜色，
就是这个！

接下来就是如何挑选颜色的问题了。我们接到最多的咨询是"害怕贴不好，失败了怎么办"。那好吧，作为"夏水组的选择"，我们试着挑选了 7 种壁纸和 7 色水性涂料。这些都是非常巴黎风情的、可爱的颜色。虽然是我们重点介绍的对象，但都是十分容易搭配的颜色，不会让你觉得枯燥无味。在这里举几个例子，给大家一个大致的印象，当遇到困惑时可以拿出来参考一下。壁纸、涂料的采购可参照本书后面的店铺信息。

这种妖艳的水色与典雅的乳白色交相辉映，品味上等的壁纸会让房间顿时显得奢华富丽。在此之上，与淡淡的粉红色涂料搭配起来十分温馨。只要是女性都会为之憧憬，这是撩起少女情怀的色彩搭配。这种粉红色，不管是涂在家具或是墙壁上，都是非常好看的颜色。

壁纸：浅蓝色的锦缎图案
涂料：玫瑰红粉底色

锦缎图案的壁纸和
浅玫瑰红

让人释怀的绿色加上小花图案，这似乎就是常见的法兰西儿童房间常有的壁纸。在此之上，搭配三角梅那清馨热情的红色。这种红色涂料和带图案的壁纸与各种家具非常搭配，是很有魅力的颜色。

壁纸：典雅的绿色花纹图案
涂料：三角梅红

给典雅的壁纸搭配
一点淡淡的红色

以明快的天蓝色为主色调，搭配上红色花边的花朵图案。这大大的花朵成为房间的主角。而与之相衬托的是平复心境的高贵紫色。紫色虽然单独使用也不错，不过这里用紫色烘托带图案的壁纸，其效果也很棒。

壁纸：天蓝色花朵图案
涂料：紫玫瑰

给大大花朵图案的壁纸
配上成年人的紫色

安抚心灵的开心果绿

好似宜人香薰一般的开心果绿。这是让人很想一直眺望的那种安抚心灵的颜色。除了起居室，我还推荐可刷在厨房的一面墙或写字台前面的墙壁上。

涂料：开心果绿

**成年人从容淡定
的火红气氛**

好似火红的太阳、成熟的果实，油桃红是酸酸甜甜的色彩。红红的墙壁，是法国电影中常见的场景。虽然使用这种色彩需要一点勇气，但刷好之后你一定会喜欢。那从容淡定的红色能让心灵更加富有。

涂料：油桃红

散发欧洲传统的天蓝色

没有过分的甜腻、只有清爽宜人的天蓝色在巴黎是色彩中的王道！天蓝色可以让你感受到西方传统中的那种高贵形象。即便房间全部涂上它，仍不失融合宜人之感。

涂料：天蓝彩瓷色

向大海一样的蓝绿色

这颜色让人联想起遥远国度那清澈的大海，很有深度的蓝绿色。搭配一点点红色或粉色～～～这绝对是推荐给女性的颜色。刷好之后的高贵品位是很棒的哦。

涂料：铜绿色

怀旧的花朵图案壁纸

似曾相识的令人怀念的粉红花朵图案壁纸。如果你对挑选色彩犹豫不决，那我们就推荐给你这款壁纸。无论是少女还是老成持重的成年人，用这款壁纸来搭配色彩都没问题。

壁纸：粉红色花朵图案

大大的水滴花纹壁纸

房间中有一处水滴图案的壁纸，你的房间就会因此具有一种冲击感。希望您大胆地尝试一下。如果您还犹豫不决，可以尝试性地在厕所等较小空间先试一下，体会一下它的效果。

壁纸：粉色的水滴图案

苔绿色飞鸟图案的壁纸

昏暗的色调可以衬托出轻松宁静的空间。房间中，鸟儿在嬉戏！

壁纸：苔绿色的飞鸟图案

或许喜好不一吧，反正我是非常喜欢这种图案。这可是有机会必定尝试一下的名品。

壁纸：藏青紫色的花朵图案

高雅的藏青紫色壁纸

Part 4-5
窗台贴上马赛克瓷砖

| 做工时间 | 2天 |
| 材料费约 | 1000日元 |

　　瓷砖终于华丽地登台亮相了。向土生土长的巴黎姑娘学习后，让我们自己来贴瓷砖吧。不过，像厨房或浴室等经常用水的地方似乎空间有些太大了，贴起来难度比较高，最初还是拿稍小的地方练练手吧。

　　窗台您觉得如何呢？可以放一些花盆或花瓶，或者当作吧台使用也不错。当然，作为摆放自己心爱之物的装饰展台的话，房间的气氛是一定会大大提升的。

　　有一种使用十分便利的"整版瓷砖"，所谓"整版"是指买回来的瓷砖已经是贴成网格状的一大张瓷砖。因为马赛克瓷砖只有1厘米大小，所以可以随意剪裁或卷起来，使用时极其方便。这里之所以选择大理石图案，是因为即便你的技术粗糙，贴好之后也不会太明显。

材料·工具

马赛克瓷砖	剪刀
（11张）	不干胶彩带
瓷砖专用黏合剂	梳子型刮板
瓷砖勾缝腻子	塑料手套
	海面

1 先试着摆放好

先把一张整版瓷砖试着摆放一下。如果太大，就按照实际面积用剪刀剪下多余部分。

抹开时的感觉就像在蛋糕上涂抹奶油一样。涂得太厚可不好！

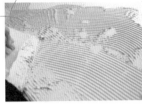

4 将黏合剂抹开

用梳子型刮板将黏合剂薄薄的一层均匀地抹开。

2 用不干胶彩带固定

先用不干胶彩带固定，并再次确认有无大小误差。

5 贴瓷砖

将黏合剂涂抹之后，立即把瓷砖放上去，用力按压。此时，用一块平板或一本书都可以。按压后，保持该状态半天至一天即可干燥。

3 涂抹黏合剂

把整版瓷砖拿下来，在窗台上涂抹黏合剂。如上图这样涂上黏合剂即可。

搅拌的黏稠度大概要比做糯米丸子的稠度还要柔软一些。

6 准备好腻子

根据腻子包装上的使用说明，放入适量水进行充分搅拌。

7 养护

遇到靠墙壁需要竖着贴的地方，在贴好瓷砖和没有瓷砖的分界处用不干胶彩带固定好。

8 刮腻子

将瓷砖专用腻子铺在瓷砖上，用手抹开比较快一些。当然要记住戴手套。一般有半天时间就可以干燥。

9 将腻子擦干净

用含水的海绵就可以擦掉瓷砖表面的腻子。

在厨房

大理石可以遮掩某些表面的粗糙，这是它的优点。还因为从远处眺望的那种微妙不确定感十分帅气，所以大家经常使用。瓷砖上可以直接放置滚烫的蒸锅等厨房用具，因此使用起来也很方便。

瓷砖贴在
哪里好呢?

桌子的台面

如果租赁房屋不可以随便贴瓷砖的话，在餐桌或厨房用推车、大托盘或餐用托盘上贴瓷砖也很好玩哦。这里用的是玻璃材质的马赛克瓷砖，不会轻易破损的，您大可放心。由于原本就是彩色的马赛克。如果愿意的话，可以截取整版瓷砖的一部分，然后嵌入另外自己最喜欢的瓷砖中。只要用不干胶彩带进行连接，操作起来十分方便。

贴砖技术提高后，
您就可以在家中经常用水的
地方一展身手了

白色瓷砖给人十分清洁的感觉，心情会很舒畅。可以作为家中经常用水地方的首选。如果你学会在墙壁垂直贴瓷砖的话，那么房间的豪华度将直线上升哦。

Part 4-6
给浴室铺上地砖

　　衣帽间或厨房过道的地面，只要能简单打扫就好，同时在视觉上能否再做些什么呢……有这种想法的人应该不少吧？遇到这种情况，最方便的就是地砖了。地砖不仅不怕水、耐脏，而且颜色多种多样、样式可爱，还有制成石材、木材纹路等十分逼真的质感，真的是品种多样。

　　这里选择了一款六边形的可爱地砖。但一开始需要像摆拼图那样在地面拼接好，例如需要裁剪掉边边角角等，稍微有些麻烦。如果选用四边形的地砖则十分简单了，作业时间会很快，您尽可放心。

　　要点是使用裁纸刀大胆地裁剪，然后只需要贴上去就可以了。一间标准的衣帽间需要的材料费用大致1万日元。不是很贵吧，颜色略微有些朴素，但巴黎风味十足。

　　赶紧挑选喜欢的设计图案，开始干吧！

材料·工具
地砖
地砖专用胶水

裁纸刀
裁刀垫板（或纸箱子等）
尺子

做工时间	3小时
材料费约	9000日元

1 先试着摆放好

先试着将地砖毫无缝隙的摆在地面拼好。

2 切除多余的部分

将多余的部分裁掉。裁纸刀要切的稍微深一些，然后用手就可以掰开。底下铺好裁刀垫板或瓦楞纸也可以。

3 涂抹黏合剂

在地面涂上黏合剂。使用购买黏合剂时附带的梳子型刮板，将黏合剂薄薄地、均匀地涂抹开。

4 贴地砖

将地砖放上去，然后用力按压。

Part 4-7
地面用毡垫地砖调配图案

　　日本的地板颜色过于明亮，室内装饰总是让人左右为难。因此，要想彻底改变的确是一件很不容易的事。就在我为此迷茫的时候，发现了这款毡垫地砖。

　　这是大小 50 厘米见方的小型毡垫地砖，其色彩多种多样。你可以用两种颜色铺成"千鸟格"（译者注：也称棋盘格花纹，犬牙花纹）图案，也可以用多种颜色任意搭配。当然也可以随季节变化调换地砖位置，抑或只在冬季铺设。我家里的地板因伤痕累累，所以被我统统揭下来后重新铺设了，不过一般情况是可以直接在原地砖上铺设的。

　　这种地砖的好处是，如果地砖脏了只需一块一块地换下进行清洗即可。这十分适合有孩子的家庭或养宠物的家庭。至少，你可以光着脚在家里走来走去了，真的不错哦。

材料·工具	做工时间	2小时
毡垫地砖	材料费约	3万日元

无需粘贴，摆在地面即可

首先，将毡垫地砖排列摆放在地面，站在稍远处眺望一下，然后对色彩搭配进行调换。只需拿掉地砖背面的薄膜就可紧贴地面了。

不管买来什么颜色的地砖，自由自在地铺在地上吧。只需要做到与房间角落能够吻合，修改时用裁纸刀裁掉多余的部分就 OK。其实，偶尔留下一些缝隙也无所谓，有时看上去会有一种出乎意料的感觉呢。

Part 4-8
给玄关或阳台的地面
增加一点图案

做工时间	1小时
材料费约	400日元

　　光秃秃的水泥地板很让人头疼，一点生机都看不出来。于是，我用自制的花版用纸（镂花纸、剪纸）在地上印出各种图案，房间一下子变得绚丽多彩了。

　　在网上只要输入"剪纸、镂花纸板"等关键词进行检索，就可以搜出很多种图案。你可以打印出来，然后按照说明折叠、剪裁，非常好看的花版用纸就做出来了。

　　制作技巧是，先用喷雾式胶水把花版用纸粘在地上，然后将颜色喷上去。有的人说渗透法也不错，就是用彩色不干胶胶带围出一个图案。涂料的话，喷雾式涂料比较方便，用毛笔亲自涂写也无妨。颜色，只要是喜欢的就可以。在光秃秃的水泥地上，我觉得白色不错。

　　不仅是几何学图案，数字或字母也很有趣。如果是租赁房间，可以在布料上来个图案，然后作为装饰也一定很可爱。

材料·工具
水性涂料
（喷雾式涂料）
纸张
喷雾式胶水
（一次性不干胶类型）
剪刀

1 准备好图样

将剪纸图样打印出来。按照图样剪出需要的图案，然后铺开，喷上胶水。

2 贴在地上

待胶水（不干胶哦）干燥后，就可以贴到你喜欢的地方了。

这也很可爱

试着来个反面图样吧

挑选一张类似花边剪纸的图样。将边缘粘好，然后喷上涂料。

即使颜色稍微露出来了，也别有一番味道。总之任何事情都不要害怕失败！

3 开始着色

将喷雾式涂料喷在上面，大约静候 5 分钟，涂料就干了。

将图样揭下来，图案就好啦。

4 拿掉剪纸图样

慢慢揭开剪纸图样，取下来即可。

特殊工具就这些

电动改锥（可换式）

因为是电动的，所以在墙上开个洞或拧个螺丝钉、卸个螺丝钉都轻松得很。按照本书中的操作程度，一套 3000 日元左右的工具就足以了。当然，今后您还想尝试更多的"工作"，我觉得就可以买 BOSCH（博世）或牧田等专业品牌的套装电动工具。

普通改锥

拧紧螺丝或拧松螺丝，多用于电动改锥不方便的作业。更换门把手或装卸开关遮板时很便利。套装里既有十字改锥也有一字改锥以及各种类型尺寸的改锥，在百元店购买就可以了。

锯子

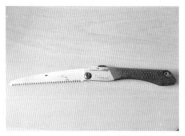

您知道这是锯木头的工具。在本书中，锯子用于窗户周围加装木框，如果您觉得太麻烦了，可以在商店截成喜欢的尺寸。

尖嘴钳

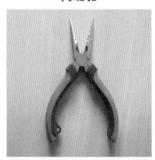

更换个柜门把手等，最后用力固定时十分便利。这也是在百元店购买的。

枪式黏合剂（速干型）

这种类型的黏合剂比一般的容易黏合，而且干得快，我经常使用。例如，在灯罩上悬挂带啦，制作彩旗时替代针线，"嗞～～"的一下就粘好了，嗯～～非常简单哦。家居商场里都有卖的。

袖珍射钉枪

这就是大号的"订书机"。更换椅子座面时可以使用。一般 2000 日元左右，专业规格的工具则要 7000 日元左右了。价格不同主要取决于射出射钉的力量，价格贵的射钉力量就很强。在家居商场或东急 HANDS（译者注：东急集团下属的一家大型专业生活用品连锁店）等地方都可以买到。但是，家有小孩儿的千万要注意，不要让喜欢恶作剧的孩子拿着玩耍，很危险的。

推荐几家出售巴黎
风格小物件的商店

FLYERS

动物头像和立体饰物等是我最喜欢的，需要寻找动物形象时，我经常利用这家商店。

http://www.flyers99.com

本书中使用该店的商品有:
动物头像　P70

mallto

这里的挂钩和把手、门把、吊灯、仿古饰品杂货和小饰物等既便宜又可爱，丰富多彩。实体店在东京的高圆寺附近，最近网店的商品也得到了大大的充实。

http://www.salhouse.com/

本书中使用该店的商品有:
各种把手　P30、64
门把　　　P64

mihasi

在寻找装饰成型材的时候，我们最先打开了这家商店网页。在天花板上装饰的这款徽章式吊顶便是在这家商店购买的。

http://www.mihasishop.jp/

本书中使用该店的商品有:
装饰成型材　P54
徽章式吊顶　P78

壁纸屋本铺

壁纸自然不必多说了，涂料和装饰用道具也是这里的得意商品。作为本书的特别合作方，该店还为我们提供了"夏水组特选"。不仅提供了必要的工具还有全套材料，甚至还有租赁房间的翻新改造方案，他们成为我们自己动手装饰房间的坚强后盾。

http://www.rakuten.ne.jp/gold/
kabegamiyahonpo/

本书中使用该店的商品有:
壁纸　　　　P43、50、102、108～111
墙壁彩贴　　P76
水性涂料　　P44、48、54、68、92、96、108～110
黑板涂料　　P98
地砖　　　　P116
毡垫地砖　　P118

COVENT GARDEN Bazaar

这是一家专业人士也经常光顾的巴黎风情装饰杂货店。可以在这里买到名牌特价优惠商品。该店没有网购业务，同样的商品也不一定总在销售，因此你需要带着一颗探险寻宝的心前往。

http://www.covent.jp/bazaar/

瓷砖店玉川

这里有各种各样的可爱的马赛克瓷砖。到了那里，请找瓷砖后面呈网状带胶水类型的商品。

http://www.rakuten.co.jp/tileshop/

本书中使用该店的商品有：
马赛克整版瓷砖　P112

小·羊商店

这是一家可以买到夏水组特选商品以及海外单件商品的网购商店。店内经营把手、小饰物、壁纸、镜子等。

http://www.cohituji.com/shop/

本书中使用该店的商品有：
把手　　　　P30
五金　　　　P64、65、66
壁纸　　　　P42、102、108 ~ 111
水性涂料　　P44、48、68、92、
　　　　　　96、108 ~ 110
镜子　　　　P68

MIYAKE

在这里，你可以找到动物头像或照明器具等非常非常可爱的室内装饰杂货和装饰物。老式家具的"欢乐市场"也有他们的连锁店。

http://www.m-miyake.com/

本书中使用该店的商品有：
动物挂件　P70
动物头像　P71

结束语

如今，街头巷尾有很多非常精美的介绍巴黎风格室内装饰的书籍和杂志。或许到目前为止，您只停留在一种憧憬、眺望的阶段。那么看过这本书之后，我想您一定明白了，从今以后只要自己动手这一切都是可以实现的。

没错，那就开始动手干吧！

其实，现在可以提供既便宜又可爱的内饰杂货或充满创意的装饰材料网店越来越多了。允许对出租房内原有物品进行翻新改造的地方也越来越多了。当然还有，平层住宅和合租公寓留给我们发挥无限想象力的、朴素典雅的内墙和建筑物。如果，喜欢自己动手装饰房间的人能越来越多，那么今后与此相关的商店和公司也一定会越办越好。

图书在版编目（CIP）数据

自己动手，装出巴黎风格的家 ／（日）坂田夏水著 ；李达章译. —— 济南 ：山东人民出版社，2014.8
ISBN 978-7-209-08564-9

Ⅰ . ①自… Ⅱ . ①坂… ②李… Ⅲ . ①室内装饰设计 Ⅳ . ①TU238

中国版本图书馆CIP数据核字(2014)第143244号

Paris Style Interior By Sakata Natsumi
Copyright © 2012 Sakata Natsumi
Edited by MEDIA FACTORY.
Original Japanese edition published by KADOKAWA CORPORATION.
Chinese translation rights arranged with KADOKAWA CORPORATION, Tokyo.
Through Shinwon Agency Beijing Representative Office, Beijing.
Chinese translation rights © 2013 Shandong People's Publishing House

山东省版权局著作权合同登记号 图字：15-2013-50

责任编辑 王海涛

自己动手，装出巴黎风格的家

〔日〕坂田夏水 著 李达章 译

山东出版传媒股份有限公司
山东人民出版社出版发行
社 址：济南市经九路胜利大街39号 邮 编：250001
网 址： http://www.sd-book.com.cn
发行部： (0531)82098027 82098028
新华书店经销
北京图文天地制版印刷有限公司印装

规 格 32开（148mm×210mm）
印 张 4
字 数 40千字
版 次 2014年8月第1版
印 次 2014年8月第1次
ISBN 978-7-209-08564-9
定 价 29.80元

如有质量问题，请与印刷厂调换。010-84488980